BEI GRIN MACHT SICH IHR WISSEN BEZAHLT

- Wir veröffentlichen Ihre Hausarbeit, Bachelor- und Masterarbeit

- Ihr eigenes eBook und Buch - weltweit in allen wichtigen Shops

- Verdienen Sie an jedem Verkauf

Jetzt bei www.GRIN.com hochladen und kostenlos publizieren

Alexander Muras

Allgemeine Grundlagen des Gießens. Eine Übersicht der Form- und Gießverfahren

GRIN Verlag

Bibliografische Information der Deutschen Nationalbibliothek:

Die Deutsche Bibliothek verzeichnet diese Publikation in der Deutschen National-bibliografie; detaillierte bibliografische Daten sind im Internet über http://dnb.d-nb.de/ abrufbar.

Impressum:

Copyright © 2010 GRIN Verlag GmbH
Druck und Bindung: Books on Demand GmbH, Norderstedt Germany
ISBN: 978-3-656-45149-5

Dieses Buch bei GRIN:

http://www.grin.com/de/e-book/201946/allgemeine-grundlagen-des-giessens-eine-uebersicht-der-form-und-giessverfahren

GRIN - Your knowledge has value

Der GRIN Verlag publiziert seit 1998 wissenschaftliche Arbeiten von Studenten, Hochschullehrern und anderen Akademikern als eBook und gedrucktes Buch. Die Verlagswebsite www.grin.com ist die ideale Plattform zur Veröffentlichung von Hausarbeiten, Abschlussarbeiten, wissenschaftlichen Aufsätzen, Dissertationen und Fachbüchern.

Besuchen Sie uns im Internet:

http://www.grin.com/

http://www.facebook.com/grincom

http://www.twitter.com/grin_com

Hausarbeit im Rahmen des Seminars Fertigungstechnik
WS 2010/2011

**Allgemeine Grundlagen des Gießens
und eine Übersicht der Form- und Gießverfahren**

Alexander Muras

Münster, den 29.11.2010

Inhaltsverzeichnis

1. Einleitung

In dieser Hausarbeit geben die Verfasser einen Einblick in die Grundlagen des Gießens und gehen auf die verschiedenen Form- und Gießverfahren ein. Hierbei werden die betriebswirtschaftlichen und volkswirtschaftlichen Aspekte nicht außer Acht gelassen und an praxisnahen Beispielen näher erläutert. Werkstücke werden dann durch die Gießverfahren wie z.B. Sandformguss, Kokillen- und Druckguss sowie Feinguss hergestellt, wenn besondere bzw. bessere Werkstückeigenschaften erzielt werden sollen, als durch konkurrierende Formgebungsverfahren. Zu den konkurrierenden Formgebungsverfahren gehören z.B. spangebende Verfahren (Drehen, Fräsen, Hobeln) oder das Schweißverfahren.

1.1 Urformen durch Gießen

Seit vielen Jahren hat sich die Bearbeitung von Gusswerkstoffen enorm weiterentwickelt und ist eines der wenigen Verfahren, aus dem der Werkstoff auf direktem Wege zu einem fertigen Werkstück ohne weitere Bearbeitungsschritte produziert werden kann. Es haben sich hoch technisierte verschiedene Verfahren entwickelt, welche jeder für sich spezielle Vorteile und Anwendungsgebiete aufweist und auf die heutzutage nicht mehr verzichtet werden kann. Durch die Gießverfahren ist den Konstrukteuren und Künstlern eine große Gestaltungsfreiheit gegeben, die mit keinem anderen Verfahren vergleichbar ist.

Es sind viele verschiedene Gusswerkstoffe verarbeitbar von Gussstahl, über Aluminium bis hin zu hohen Legierungswerkstoffe. Aber auch andere Werkstoffe wie Porzellan und Reaktionsharzbeton, Gläser oder Kunststoffe werden durch die verschiedenen Gießverfahren verarbeitet, worauf aber in der folgenden Hausarbeit nicht näher drauf eingegangen wird.

Abbildung 1: Gegenüberstellung Werkstoffausnutzung zu Energieaufwand

Werkstoffausnutzung	Fertigungsverfahren	Energieaufwand
90	Gießen	30 - 38
95	Sintern	28,5
85	Kalt- oder Halbwarmfließpressen	41
75 - 80	Warmgesenkschmieden	46 - 49
40 - 50	spanende Fertigungsverfahren	66 - 82

Quelle: Fritz / Schulze, Fertigungstechnik, 8. Auflage, Berlin Heidelberg 2008, S. 5

Die Werkstoffausnutzung ist, wie in der obigen Abbildung erkennbar, mit 90 % einer der höher angesiedelten Fertigungsverfahren und der geringe Energieaufwand zur Herstellung von Werkstücken rundet die Vorteile dieses Verfahren ab. Das einzige Fertigungsverfahren welches aus diesen beiden Gesichtpunkten einen wirtschaftlichen Vorteil hat, ist das Verfahren Sintern.

1.2 Anwendungsbereiche des Gießens

Die Gießverfahren sind in vielen Branchen vertreten und decken eine Vielfalt der Produktpalette der heutigen Industrie- und Handelsgüter ab. Es werden allerdings 70% der Gusswerkstücke für den Maschinenbau, den Fahrzeugbau und die Bauindustrie. Mit den Gießverfahren sind Massenfertigungen, Serienfertigungen, aber auch Einzelfertigungen möglich und in den verschiedensten Größen möglich. Es können Werkstücke von 0,01 kg bis zu mehrere Tausend Tonnen je Werkstück hergestellt werden.

1.3 Abgrenzung

In dieser Ausarbeitung gehen die Verfasser bewusst nicht auf die Gießverfahren mit den Werkstoffen Porzellan und Reaktionsharzbeton, Gläser und Kunststoffe ein, sondern beschränken sich auf die Erstellung von Gussstücke aus Metallen und Legierungen. Es werden aus den einzelnen Untergruppen der verschiedenen Gießverfahren nur die wichtigsten und gängigsten Verfahren erläutert. Es ist teilweise gegeben, dass zusätzliche Verfahren den Gruppen zugeteilt sind, die hier aber außer Acht gelassen werden. Des Weiteren wird auf die Gussfehler nicht eingegangen.

1.4 Wirtschaftsdaten zur Gießerei-Industrie

Die Bandbreite der praktischen Anwendungsmöglichkeiten des Form- und Gießverfahrens ist grundsätzlich sehr groß. Die Gießerei-Industrie, dazu zählen vor allem die Eisen-, Stahl- und Tempergießereien, ist ein wichtiger Partner des Fahrzeugbaus (Automobilindustrie, dem Schienenfahrzeug- und Flugzeugbau), Maschinenbaus und der Bauindustrie. In der folgenden Übersicht der Wirtschaftsdaten des Bundesverbands der deutschen Gießerei-Industrie wird das bestätigt.

BDG-Wirtschaftsdaten- und Branchendaten 2009 für Deutschland und Europa zur Gießerei-Industrie [1]:

- Deutschlandweit **268** überwiegend **mittelständisch** strukturiert **Unternehmen**
- Schwerpunkte der Gussproduktion – NRW (25 %), Hessen (18 %) und BW (17 %)
- Beschäftigung deutschlandweit ca. **46.000 Mitarbeiter**
- **Produktionsvolumen 2009 3,2 Mio. t Guss / Produktionswert 5,6 Mrd. €**
- Deutschland ist **sechstgrößter Produzent weltweit** und der **größte Europas**
- **Gussabsatz in Höhe von 3,3 t** ging an die **wichtigen Industriepartner**
  - Fahrzeugbau
  - Maschinenbau
  - Bauindustrie
- 34 % der Absatzmenge wurden an ausländischen Abnehmer ausgeliefert

2. Die verschiedenen Form- und Gießverfahren

Das Form- und Gießverfahren gehört zu den Urformverfahren. Bei diesen Verfahren ist die Entwicklung und Forschung darauf ausgerichtet, die Werkstücke möglichst verlustärmer, maßgenauer und massengleicher herzustellen. Das Verfahren eignet sich dann besonders gut, wenn andere Fertigungsverfahren unwirtschaftlich sind bzw. eine Fertigung mit anderen Methoden nicht möglich ist.

Die verschiedenen Form- und Gießverfahren werden grundsätzlich in zwei Formen charakterisiert. Wie in der Abb. 2 dargestellt, unterscheidet man zwischen dem „Gießen in verlorenen Formen" und „Gießen in Dauerformen". Dabei wird bei dem „Gießen in verlorenen Formen" noch zusätzlich zwischen „Dauermodellen" und „Verlorenen Modellen" unterschieden [2]. In diesem Kapitel werden acht der wichtigsten Verfahren aus der theoretischen Sicht erläutert. Dazu werden jeweils im Anschluss einzelne Praxisbeispiele geliefert.

Abbildung 2: Form- und Gießverfahren

Form- und Gießverfahren			
Verlorene Formen			**Dauerformen**
Dauermodelle	**Verlorene Modelle**		**Ohne Modelle**
Handformen, Herdformen, Schablonenformen	Feingießen		Druckgießen: Warmkammerverfahren Kaltkammerverfahren
Maschinenformen, Kastenformen, kastenloses Formen			Kokillengießen: Voll-, Halb-, Gemischtkokillen
Maskenformen, *Croning*-Verfahren	Vollformgießen		Schleudergießen und Stranggießen horizontal
Verbundgießen			Verbundgießen

Quelle: Fritz / Schulze, Fertigungstechnik, 8. Auflage, Berlin Heidelberg 2008, S. 51

Bevor auf die einzelnen Verfahren eingegangen werden kann ist eine Erläuterung der folgenden Bezeichnungen notwendig:

- Kerne
- Verlorene Formen (einmal verwendbar)
- Verlorene Modelle
- Dauermodelle
- Dauerformen

<u>Kerne</u>

Wie in den Abb. 3 und 4 dargestellt wird ein sog. Kern anhand eines Kernkastens hergestellt. Dabei wird bspw. Quarzsand in einen Kernkasten eingefüllt und mit Hilfe von Bindemittel verfestigt. Der Zweck des Kerns ist bei der endgültigen Fertigung des Gussteils, notwendige Hohlräume einzuhalten bzw. auszusparen und / oder komplexe Außenkonturen (Hinterschneidungen) abzuformen.

Abbildung 3: Kernherstellung (Theorie)

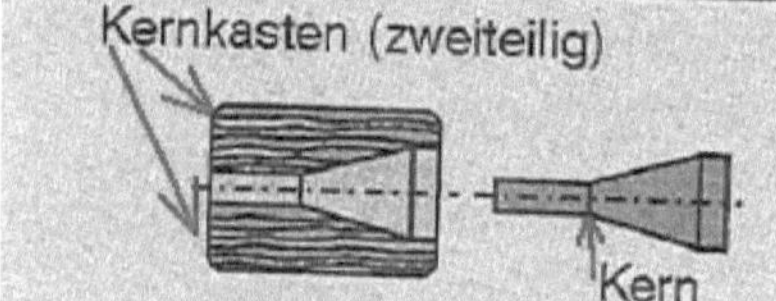

Quelle: Witt / Kessler / Löblich, Taschenbuch der Fertigungstechnik, München Wien 2006, S. 27

Abbildung 4: Kernherstellung (Praxis)

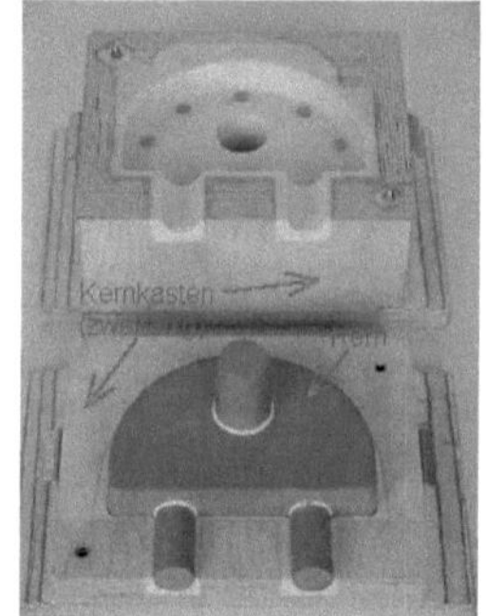

Quelle: Berufsschule Biedenkopf
http://www.berufsschule-biedenkopf.de/
uploads/RTEmagicC_7748ef4f62.jpg.jpg, 02.11.2010

Verlorene Formen (einmal verwendbar)

Grundsätzlich kann die Form lediglich einmalig verwendet werden. D. h. in der Branche wird ein **Verfahren mit verlorenen Formen** dann bezeichnet, wenn die in der Gießerei als integraler Bestandteil der Gussfertigung gefertigten Gießformen bei der Entnahme des erstarrten Gussteils zerstört werden.

Verlorene Modelle

Zur Herstellung einer Form werden Modelle (Muster des Gussstücks) aus verschiedenen Werkstoffen (Holz, Kunststoff oder Schaumstoff) verwendet. Dabei werden Formstoffe (z. B. Quarzsand) in Verbindung mit einem Bindemittel (z. B. Kunstharze) in das Modell eingelassen und ausgehärtet. Damit die Form für die Produktion eines Gussteils verwendet werden kann muss das Modell zerstört werden. Dieser Vorgang wird als **Verfahren mit verlorenen Modellen** bezeichnet. Mit einem Modell kann nur eine Gießform und ein Gussteil hergestellt werden.

Dauermodelle

Ein Dauermodell kann durch Hand- bzw. Maschinenformen eingeformt werden. Im Gegensatz zu den verlorenen Modellen werden Dauermodelle wiederholt zur Herstellung von Formen verwendet.

Dauerformen

Die Dauerformen (auch Kokillen genannt) werden überwiegend aus metallischen Werkstoffen gefertigt. Die Kokillen werden beim Gießvorgang nicht zerstört und werden daher für den Bereich der größeren Serienfertigung angewandt. Die für die Herstellung zumeist verwendeten Werkstoffe sind bspw. verschleißfeste, hitze- und zunderbeständige Stähle, niedrig- oder hochlegiertes Gusseisen oder Kupfer und Kupferlegierungen. Auf die Anwendungsmöglichkeiten wird im Kapitel 2.6 Kokillengießverfahren näher eingegangen.

2.1 Handformen (Sandgießen)

Das Sandgießen gehört zu den ältesten und bekanntesten Gießverfahren. Verbunden mit dem Handformen eignet es sich sehr gut für die Herstellung von Formen (Sandformen) um damit Kleinserien, Einzelgussstücke und Prototypen herstellen zu können. Für die vorerwähnten Anwendungsgebiete (wenige Teile, große Stücke) ist der Einsatz von Formmaschinen unwirtschaftlich, daher werden die Formen per Hand gefertigt.

Bedingt durch die große Konstruktionsfreiheit können vielseitigen Formen, komplexe Geometrien und Hinterschneidungen qualitativ hochwertig hergestellt werden [3]. Die Maßgenauigkeit liegt im Vergleich zu den weiteren Verfahren bei 2,5 – 5 % und ist verhältnismäßig schlechter, dennoch bewegt sich diese in einem akzeptablen Rahmen.

Zur Herstellung der Formen mit den Sandgießverfahren werden mind. zwei Komponenten verwendet.

- Formgrundstoff = Quarzsand (Besteht zu 99 % aus Siliciumdioxid SiO_2)
- Bindemittel = Kunstharz (z. B Polyurethan-Kunstharz-Bindern)

Um die Eigenschaften dieser gebundenen Stoffe zu optimieren bzw. zu verbessern kann noch eine weitere Komponente, der Zuschlagstoff beigemischt werden. Die Kombination der zwei bzw. drei Komponenten wird als Formstoff bezeichnet.

Der Verlauf des Sandgießens beim Handformen besteht grundsätzlich aus folgenden Einzelschritten:
- Konstruktion des Werkstücks
- Erstellung eines zweiteiligen Modells (Ober- und Unterteil), bspw. aus Holz, Verwendung als Dauermodell ist gegeben
- Erstellung eines Kerns für evtl. Hohlräume im Gussteil
- Modell wird jeweils im Unter- und Oberkasten eingeformt.
- Vorher muss bei Bedarf ein Kern eingelegt werden
- Freiräume zwischen dem Modell und dem Kasten werden mit Quarzsand ausgefüllt und verdichtet.
- Einarbeitung des Einguss-Trichters
- Einarbeitung der Speiser, damit die Luft entweichen kann
- Form wird mit Gusseisen abgegossen
- Abkühlung und Entleerung des Kastens bzw. Gussteil wird ausgeformt. Die Ausformung geschieht mit Hilfe einer Rüttelmaschine, damit der Formsand vom Gussteil getrennt wird
- Gussteil wird vom Restsand, Kernen befreit und geputzt

Des Weiteren muss angemerkt werden, dass dieses Formverfahren in zwei Varianten, das tongebundene und chemischgebundene, unterteilt wird.

Das Sandgießverfahren mit tongebundenen Formstoff, auch Nassgussformverfahren genannt, wird in der Praxis am häufigsten eingesetzt. Der zum Einsatz kommende Formstoff besteht aus

83 – 95 % Quarzsand, 5 – 12 % Bindeton (meisten Bentonit), 3 – 5 % Wasser und bis zu 7 % Zusatzstoff, welche für die Optimierung der Formstoffeigenschaft gedacht ist. In der Praxis wird Bentonit als Bindemittel wegen seiner hohen Quellfähigkeit (d. h. durch anfeuchten mit Wasser wird die Bindefähigkeit immer wieder aktiviert und gleichzeitig jedoch die Feuerbeständigkeit verringert) sehr oft verwendet.

Zur Herstellung der Formen selbst werden Verdichtungsverfahren, wie z. B. Rütteln, Pressen, Vibrationsverdichten, Vakuumsverdichten und weitere moderne optimierte Verfahren wie das Hochdruckpressen bei einem Pressdruck von 0,7 – 2,0 MPa oder Luftstrompressen mit kurzzeitigen Druckbeaufschlagung von 0,2 – 0,5 s angewandt.

Bei dem chemischgebunden Verfahren wird ein chemischer Binder eingesetzt. Dabei entfällt hierbei die Verdichtung des Formstoffes, weil die Formfestigkeit durch das Aushärten des chemischen Binders erfolgt. Zu den bekanntesten Anwendungsbereichen dieses Verfahrens zählt der Fahrzeugbau.

Das Handformen wird in der Praxis für nahe zu alle stahlverarbeiteten Branchen, wie z. B. Fahrzeugbau, Maschinenbau, Elektrotechnik, etc. verwendet. Gerade für kleinere, mittlere und große Einzelstücke in kleineren Stückzahlen ist es sehr gut geeignet. D. h. diese Methode ist für die Produktion von komplizierten Gussteilen, bei denen eine maschinelle Produktion unwirtschaftlich erscheint, sinnvoll. Als Produktbeispiele gelten bspw. Motorblock-Prototypen, Einzelanfertigungen für den Sondermaschinenbau, Abgüsse für den Modellbau, etc.

Das Stückgewicht reicht in der Industrie von 0,001 bis mithin 400 kg und durchaus bis 1500 kg. Die tatsächliche obere Gewichtsgrenze wird hierbei von möglichen Transportgrenzen und Schmelzkapazitäten bestimmt und kann daher die erwähnten 1500 kg übersteigen [4]. Des Weiteren sind die Ausführungsmöglichkeiten abhängig von den Rahmenbedingungen des jeweiligen Unternehmens. Beispielhaft „realisiert die Metallguss Herpers GmbH durch die Handformtechnik Produkte in Abmessungen 2000 x 1500 mm und bis zu einem Stückgewicht von 400 kg in wirtschaftlicher Präzision."[1]

Die Nutzung dieser Verfahrensart bietet insgesamt folgende Vorteile:

- Hohe Wirtschaftlichkeit
- Geringe Modellkosten
- Schnelle und kostengünstige Herstellung seriennaher Gussteile
- Konstruktionsfreiheit

2.2 Maschinenformen

Diese Verfahrensart zählt, wie das Handformen auch, zu den Verfahren mit verlorenen Formen. Grundsätzlich eignet sich dieses Verfahren, bedingt durch die Automatisierungsmöglichkeiten, für die Herstellung von serienbasierten klein- und mittelgroßen Gussstücken. Wie aus der Bezeichnung bereits abgeleitet werden kann, werden zur Fertigung Maschinen verwendet.

---

[1] Metallguss Herpers GmbH, http://www.metallguss-herpers.de/prozesse/sandguss/, 27.11.2010

Des Weiteren wird dieses Formverfahren noch in zwei weitere Kategorien, die Kastenformerei und das kastenlose Formen, unterteilt.

Die Kastenformerei zählt in der Gussfertigung im Bereich der mittleren Stückfertigung schon alleine aus wirtschaftlichen Gesichtspunkten zu den wichtigsten Verfahren. Bei diesem kastengebundenen Formverfahren werden die Gussformen in Formkästen produziert. Hierbei werden im Allgemeinen Modellplatten (je zur Hälfte) auf einem Unter- und Oberkasten verschraubt. Nach der Verschraubung folgen weitere allgemeingültige und zum größten Teil automatisierte Arbeitsschritte in der vorgegebenen Reihenfolge:

- Formstoff verdichten im Unterkasten
- Unterkasten Abheben / Wenden
- Formstoff verdichten im Oberkasten
- Oberkasten Abheben
- Im Unterkasten Kerneinlagen per Hand
- Zulegen, Beschweren und Abgießen
- Abkühlung der Gussstücke
- Auspacken

Für das Verdichten des Formstoffes kann eine Rüttel-Press-Abhebeformmaschine verwendet werden. Der herkömmliche maschinelle Verdichtungsablauf würde zunächst mit dem Vorrütteln oder Vibrieren beginnen und mit dem Pressen enden. Die Nachteile der herkömmlichen Maschinen sind die entstehenden unerträglichen Schallemissionen (Lärmentwicklung) und die Vibrationen. Diese können mittlerweile durch den Einsatz einer verbesserten Presstechnik, z. B. Luftimpulsverdichtung (Abb. 5) erheblich verringert werden. Bestandteile dieser Maschine sind, die Verdichtungseinheit mit Impulsventil und der Druckkessel. Unter dem Kessel ist die Formeinheit angeordnet. Während des Verdichtungsprozesses ist die Form- und Verdichtungseinheit mit einander verbunden. Eine Verdichtung erfolgt durch eine kurzzeitige Ventilöffnung. Bei dieser Aktion wird die Form-sandmasse mit Druckluft beaufschlagt, beschleunigt in Richtung der Modelleinrichtung und beim Abbremsen am Modell verdichtet (Verdichtungsdruck = 6 bar) [5].

Abbildung 5: Schematische Darstellung Luftimpulsverdichtung

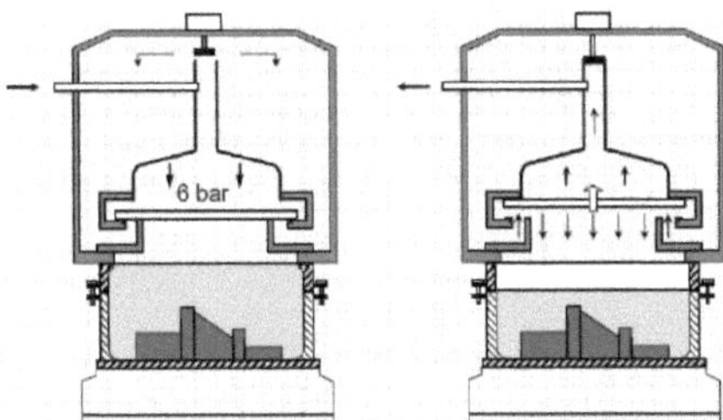

Quelle: Prof. Eberhardt, HS Pforzheim, Fertigungstechnik, http://www.hs-pforzheim.de/De-de/Technik/Maschinenbau/laborbereiche/fertigungstechnik/lehrveranst_fertigung/FT1_1_WI/Documents/WI2_FT1_VL04.pdf , 27.11.2010

Das kastenlose Formverfahren kann sowohl waagerecht (horizontal) oder senkrecht (vertikal) geteilt, für die Herstellung von Formen realisiert werden. Zur Herstellung werden bspw. Hochdruck-Blas-Press-Formautomaten (Abb. 6) genutzt.

Abbildung 6: Bsp. für Kastenloses Formverfahren mit senkrechter Teilungsebene

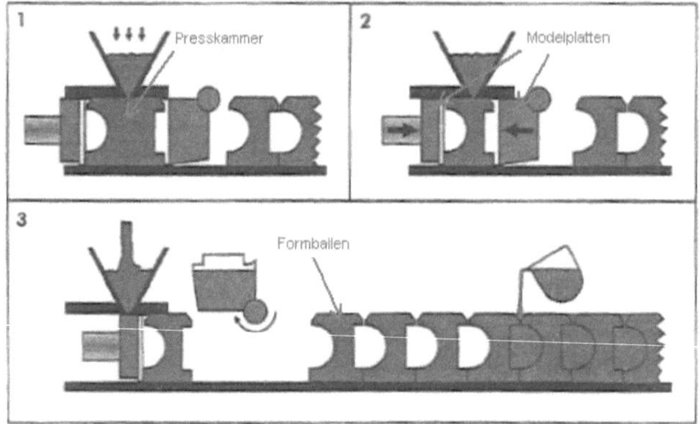

Quelle: Witt / Kessler / Löblich, Taschenbuch der Fertigungstechnik, München Wien 2006, S. 31

Diese Automaten bestehen prinzipiell aus einer Presskammer, welche mit dem Formstoff gefüllt und anschließend von beiden Seiten mit jeweils einer Modellplatte geformt und verdichtet wird. Während die eine Modellplatte zurückgezogen wird, muss die andere Modelplatte schwenkbar sein, damit der Formballen ausgestoßen und dem Formstrang beigefügt werden kann. Mit jedem weiteren Formballen bewegt sich der Formstrang weiter und wird am Gießplatz abgegossen. Dieses Verfahren wird in der mittleren und großen Serienfertigung mit einer geringen Kernintensität eingesetzt.

Bedingt durch die Automatisierungsmöglichkeiten ergeben sich bei diesem Formverfahren im Vergleich zum Handformen bei der Serienfertigung u. a. folgende Vorteile [6]:
- die Herstellzeiten werden durch die Prozessoptimierung verkürzt
- durch die Präzision der Maschinen ergibt sich eine bessere Massgenauigkeit und
- eine höherwertigere Oberflächengüte

Ein weiterer wesentlicher Vorteil des Maschinenformens ist die grundsätzliche Möglichkeit die Maschinen flexibel von halb- auf vollautomatische Maschinen auszubauen.

2.3 Maskenformverfahren

Hierbei handelt es sich um eine der jüngeren innovativen Entwicklungen im Bereich des Form- und Gießverfahrens. Der deutsche Erfinder Johannes Croning hatte dieses Verfahren zufällig entdeckt. Eigentlich hatte sich dieser zu Beginn vielmehr darauf konzentriert eine Verfahrenslösung im Bereich der Dauerform aus keramischen Materialien zu finden. Jedoch führte ihn die Suche in den

Bereich der Verlorenen Formen, wo er dann 1944 das Maskenformverfahren (auch Croning-Verfahren genannt) erfunden hatte und es sich umgehend patentieren ließ. In den weiteren Jahren wurde das Verfahren immer weiter verbessert. Das Interesse der amerikanischen Gießereiindustrie an der Nutzung des Croning-Verfahren war sehr groß. Dadurch entstand natürlich eine große Nachfrage, welche schlussendlich dazu führte, dass die Entwicklung der Maschinentechnik für das Maskenformverfahren vorangetrieben wurde [7].

Mit der folgend aufgeführten schematischen Darstellung (Abb. 7 - 10) soll verdeutlicht werden wie der prozessuale Verlauf bei einer Formherstellung aussehen kann.

Abbildung 7: Maskenformverfahren: Schütten und Aufbacken von Croningsand

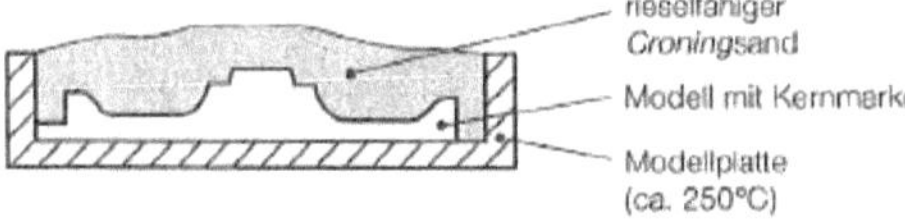

Quelle: Fritz / Schulze, Fertigungstechnik, 8. Auflage, Berlin Heidelberg 2008, S. 61

Der rieselfähige Croningsand (Formstoffgemisch, Phenol-Kresol-Harzanteil 4 – 6 %) wird auf eine 200 – 200°C heiße Modellplatte geschüttet. Dabei beginnt der Harzanteil oberhalb von 100°C an aufzubacken bzw. zu schmelzen. Abhängig von der Maskendicke und der Modellplattentemperatur härtet bereits nach kurzer Zeit an der Modellkontur eine Harz-Sandschicht (Formschicht) ab. Dabei ist die Dicke der Formschicht abhängig von der Maskendicke und der thermischen Einwirkung.

Abbildung 8: Maskenformverfahren: Wenden der Modellplatte

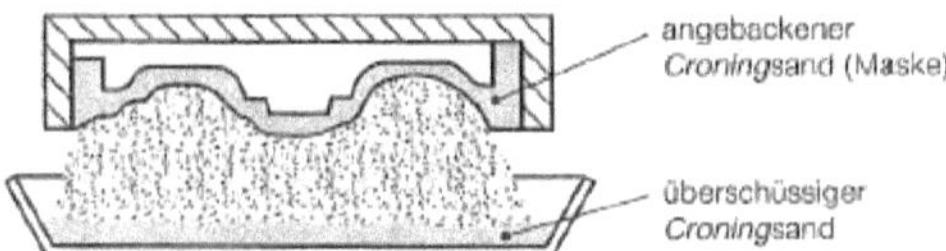

Quelle: Fritz / Schulze, Fertigungstechnik, 8. Auflage, Berlin Heidelberg 2008, S. 61

Durch das Wenden der Modellplatte inkl. Maske wird der überschüssige Formstoff entfernt. Übrig bleibt nur noch die angebackene Formschicht.

Abbildung 9: Maskenformverfahren: Aushärten und Abheben

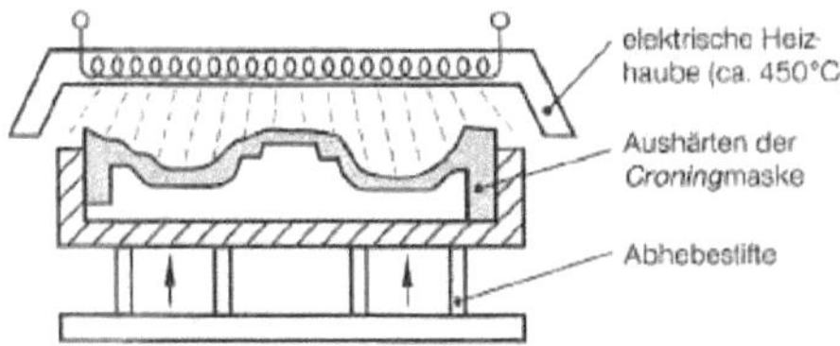

Quelle: Fritz / Schulze, Fertigungstechnik, 8. Auflage, Berlin Heidelberg 2008, S. 61

Anschließend wird die Formschicht bei 450°C mit Unterstützung einer Heizhaube in der Zeit von 30 – 40s ausgehärtet. Nachdem Aushärten wird die Maskenhälfte durch Abhebestifte abgehoben.

Abbildung 10: Maskenformverfahren: Fertige Form zum Gießen

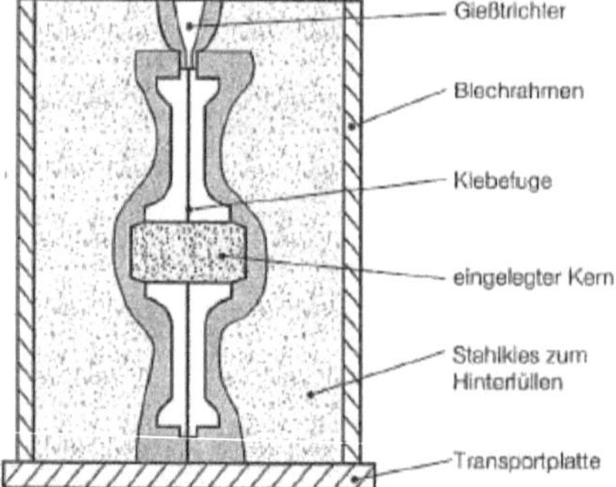

Quelle: Fritz / Schulze, Fertigungstechnik, 8. Auflage, Berlin Heidelberg 2008, S. 61

Manuell bzw. per Hand muss bedarfsweise eine Kerneinlage erfolgen und anschließend müssen beide Maskenhälften miteinander verklebt werden. Schlussendlich wird die Maske zum Abgießen in einem Blechrahmen eingebettet.

Für das klassische Maskenformverfahren nach Croning wurde üblicherweise das pulverförmige Phenol-Kresol-Harz und Hexamethylentetramin als Härter verwendet. Für diese Formherstellung ist ein hoher Harzanteil, der gleichzeitig sehr teuer in der Beschaffung ist, notwendig. Alleine aus betriebswirtschaftlichen Gesichtspunkten ist die klassische Variante des Verfahrens nur noch selten in Gebrauch.

Als alternative zu dem klassischen Maskenformverfahren werden vier Varianten mit einem veränderten Phenolharzbindersystem (Abb. 11) bspw. im Fahrzeugbau verwendet.

Abbildung 11: Phenolharzgebundene Form- und Kernherstellverfahren im Fahrzeugbau nach Gardziella und Müller

Verfahren	Croning-Maskenformverfahren	Hot-Box	Cold-Box	Kaltharz (No-Bake)
Anteil in Prozent	35	20	30	15
Harz-Härter-System bestehend aus	Novolake und Hexamethylentetramin	flüssige Resole und saure Härter	modifizierte Novolake, Resole, Diisocyanate, Begasen mit Aminen	Phenolresole und aromatische Sulfonsäuren
Sandtemperatur bei der Verarbeitung	250 °C bis 300 °C	200 °C bis 250 °C	Raumtemperatur	Raumtemperatur
Sandbinder-Zustand	trocken, rieselfähig	formgerecht, feucht	formgerecht, feucht	feucht, fließend
Anwendung des Verfahrens für	Formmasken und Hohlkerne	Kerne und Hohlkerne	Formen und Kerne	Formen und Kerne
Typische Beispiele	Kurbelwellen, Nockenwellen, Zylinderköpfe, Gehäuse	Wassermantel, Gehäusekerne, Auslasskrümmerkerne	kleinere Kerne für Naben, Lagerdeckel, Differenzialgehäuse	Motorblöcke für den Lkw-Bereich

Quelle: Fritz / Schulze, Fertigungstechnik, 8. Auflage, Berlin Heidelberg 2008, S. 62

Grundsätzlich eignet sich das Maskenformverfahren sehr gut für die Herstellung von Erzeugnissen in der mittleren und großen Serienfertigung mit einer komplexen Geometrie. Gleichzeitig bietet diese bei Produktion eine hohe Oberflächengüte und die Toleranzen liegen lediglich zwischen 1 und 2 %.

2.4 Feingießverfahren

Aus der Bezeichnung ist bereits erkennbar, dass es sich hierbei um ein Präzisionsverfahren für die Herstellung von endabmessungsnahen Gussteilen handelt. Es zählt zu den kostengünstigsten, interessantesten, dynamischsten und zu den ältesten Formverfahren. Aus betriebswirtschaftlicher Betrachtung gilt dieses Verfahren auch bisher als konkurrenzlos.

Es handelt sich außerdem bei dieser Methode um ein Verfahren mit verlorenen Formen und verlorenen Modellen. „Das Verfahren wird sowohl für Einzelstücke als auch für kleine, mittlere und große Serien im Massebereich von 0,001 bis 50 kg eingesetzt."[2] Folgende Vorteile werden bei diesem Verfahren ausgenutzt:

- Bei der Herstellung kann eine **sehr hohe Oberflächengüte** erreicht werden

- Es bietet eine **hohe Gestaltungsfreiheit** (geeignet für komplizierte Geometrie)

- Durch **Erstarrungslenkung** ist die Herstellung gratfreier dünnwandiger Gussteile möglich (enge Maßtoleranzen +/- 0,4 bis +/- 0,8 % ohne Formversatz)

Für die Modellherstellung werden gießbare Werkstoffe wie z. B. Wachs oder Thermoplasten (Kunststoffe) verwendet. Im Prinzip wird aus einem verlorenen, ausschmelzbaren bzw. ausbrennbaren Modell eine ungeteilte keramische Gießform erstellt und dann mit dem erforderlichen Gießmetall abgegossen. Im Folgenden wird der Verfahrensverlauf mit Hilfe der schematischen Darstellung (Abb. 12) und der dazugehörigen Beschreibung erläutert.

Abbildung 12: Schematische Darstellung des Feingießverfahrens

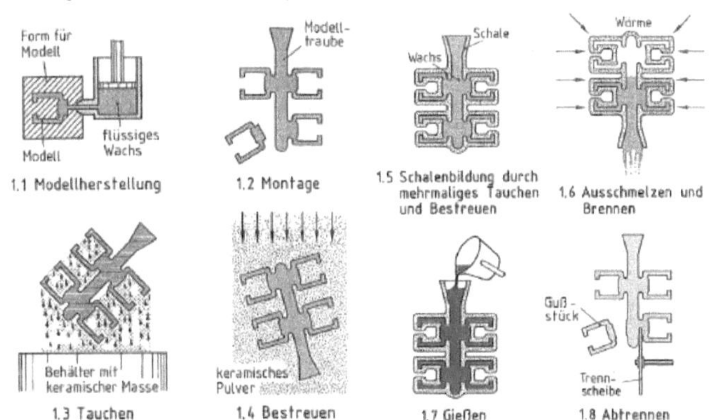

Quelle: Braun / Doll / Fischer / Heinzler / Höll / Ignatowitz / Kudlich / Meyer / Nist / Röhrer / Schilling, Fachkunde Metall, 51. Auflage, Berlin 1992, S. 54

---

[2] Witt / Kessler / Löblich, Taschenbuch der Fertigungstechnik, München Wien 2006, S. 35

Beim Feingießen wird zuerst ein Modell aus einem niedrigschmelzenden Werkstoff, bspw. aus Wachs hergestellt (Bild 1.1). Nach der Fertigstellung folgt die Montage mehrerer Modelle zu einer sog. Modell- bzw. Gießtraube (Bild 1.2). Die fertige Wachs-Modelltraube wird mehrfach und abwechselnd jeweils in eine hochfeuerfeste Bindemittelsuspension, bestehend aus einem Bindemittel (Ethylsilicat oder Kieselsäure) eingetaucht, mit einem pulverförmigen Formgrundstoff (Quarzmehl) bestreut und zusätzlich in ein Wirbelschichtbad (Bild 1.3 – 1.5) eingetaucht, sodass die Modelltraube im Ergebnis einen Überzug aus einer feinkeramischen Schichtdicke zwischen 5 – 15 mm erhält. Der keramische Überzug bildet im späteren Verlauf die Gießform. Um diese keramische Schale später als Gießform verwenden zu können, muss jedoch nachdem trocknen der Formschale das Wachsmodell bspw. mit Niedrigdruckdampf bei 0,04 MPa und einer Temperatur von 100 – 110°C oder mit Hochdruckdampf bei 0,3 MPa und einer Temperatur von 130 – 150°C ausgeschmolzen werden (Bild 1.6). Danach folgt das Ausbrennen der Gießform bei ca. 900 – 1000°C um der Formschale die notwendige Festigkeit für das Gießverfahren zu geben. Gleichzeitig werden bei dem Ausbrennen die Wachsreste verbrannt. Unmittelbar nach dem Ausbrennen wird das Gießmetall in die Gießform gegossen (Bild 1.7). Vor dem Abtrennen (Bild 1.8) der einzelnen Gussstücke muss der Gusswerkstoff abkühlen und erstarren.

Im Anschluss des Abtrennens der Einzelstücke folgen noch weitere wichtige Schritte. Das Putzen und Schleifen, sowie die Endkontrolle (Qualitätskontrolle) um zu prüfen, ob die notwendigen Anforderungen tatsächlich umgesetzt wurden.

Die Bandbreite der praktischen Anwendungsbereiche ist beim Feingießverfahren sehr groß. Da sich diese Methode sowohl für die Einzelfertigung bis zur Massenfertigung im Kleinteilbereich eignet, wird es auch u. a. in den Bereichen Fahrzeugbau und Luftfahrt (Abb. 13) genutzt.

Abbildung 13: Produktbeispiele aus der praktischen Anwendung

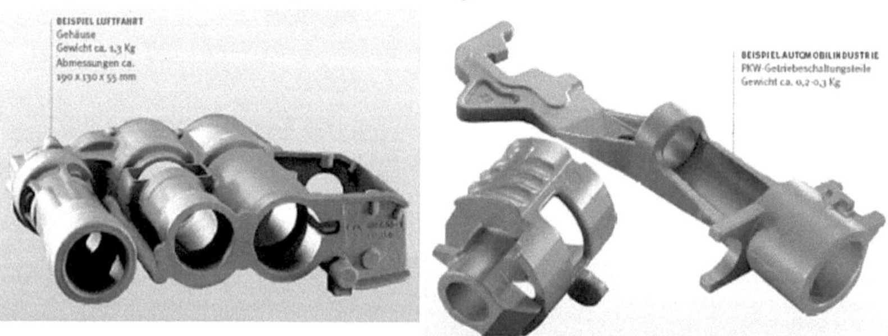

Quelle: Buderus Feinguss GmbH, http://www.buderus-feinguss.de/download.html, 26.11.2010

Folgende Verfahrensvorteile sind in der praktischen Anwendung tatsächlich gegeben [8]:

- **Freie Werkstoffwahl**
- **Gestaltungsfreiheit**
  Komplexe Konturen, geringe Wandstärken und Hinterschneidungen lassen sich darstellen.

- **Maßgenauigkeit** und hohe **Oberflächengüte**

  Gewährleistung qualitativ hochwertiger Reproduzierbarkeit in der Serienfertigung. Feingussteile besitzen eine feine, glatte und riefenfreie Oberfläche.

- **Wirtschaftlichkeit** bereits bei Einzelteilen bis zur Großserie.

  Neben Kleinteilen (ab 1 g) werden auch größere Feingussteile bis ca. 100 kg und einer
  Kantenlänge bis ca. 1000 mm hergestellt.

- **Endkonturnahe, einbaufertige Gussteile**

  Reduzierung des Zerspannungsaufwands bedingt durch die hohe Maßgenauigkeit.
  Dadurch sind häufig Feingussteile ohne mechanische Bearbeitung einbaufertig.

- **Kostenvorteile gegenüber anderen Form- und Gießverfahren**

  Vorteile steigen bei höheren Schwierigkeitsgrad und den Anforderungen an das Bauteil

Unternehmen die das Feingussverfahren anwenden versuchen bereits seit langem einen Nachteil,
der verfahrensbedingten überdurchschnittlichen Prozessdauer für die Herstellung der keramischen
Schalenformen, zu trotzen. Die Herausforderung liegt darin die notwendige Trocknungszeit der
Überzüge von durchschnittlichen 24 Std. soweit wie möglich zu minimieren. Im Regelfall besteht
ein Überzug aus mehreren Einzelschichten. D. h. das alleine die Gießformherstellung, bedingt
durch die Trocknung bis zu sieben Tagen andauern kann. Es gibt mittlerweile etliche Unternehmen
(z. B. MK Technology), die ein sog. Schnelltrocknungsverfahren anwenden. Dadurch wird die ge-
samte Bauzeit bis auf wenige Stunden reduziert [9].

2.5 Vollformgießverfahren

Das letzte Verfahren mit verlorenen Formen und verlorenen Modellen ist das hier aufgeführte Vollformgießverfahren. Auch hier, genau so wie beim Feingießverfahren, besteht das Modell und die
Form nur für einen Guss zur Verfügung und sind nach der Fertigstellung des Werkstückes zerstört.
Dadurch, dass hier die Formgebung aus einem Stück gefertigt ist, ist dieses Verfahren, zusammen
mit dem Feingießverfahren, für die Herstellung von gratfreien und frei von Formschrägen Werkstü-
cken geeignet. Die Toleranzen liegen hierbei allerdings zwischen 3 und 5%. Da aber für jedes
Werkstück jeweils ein neues Modell, aber auch eine neue Form erstellt werden muss, dient dieses
Verfahren nur für die Erstellung von Einzelstücke oder kleineren Serienfertigungen.
Der genaue Ablauf der Fertigung eines Werkstückes soll an Hand der folgenden Abbildung näher
erläutert werden.

Abbildung 14: Darstellung des Vollformgießverfahrens

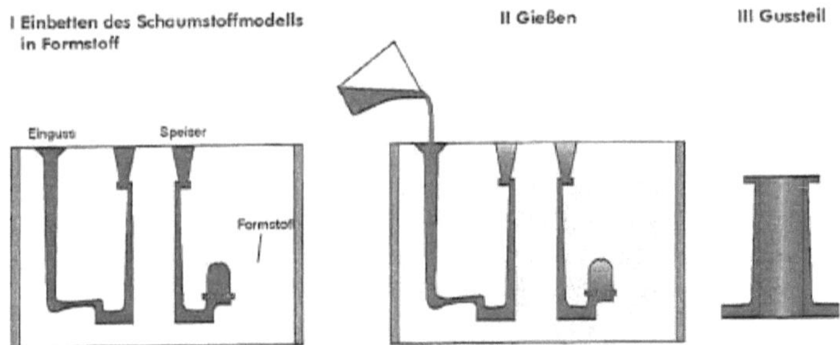

Quelle: Witt / Kessler / Löblich, Taschenbuch der Fertigungstechnik, München Wien 2006, S. 36

In der ersten Zeichnung ist das Modell (hier in Dunkel gekennzeichnet) im Formstoff eingelassen. Das Modell besteht aus einem Schaumstoff, der sich beim Kontakt mit der Schmelze verdampft. Bei dem Formstoff gibt es mehrere Stoffe, die für das Einbetten des Modells geeignet sind. In der Regel werden Formstoffe gewählt, die mechanisch oder chemisch verfestigt werden, oder aber man wählt die Variante, wobei der Formsand durch Vibration verdichtet wird.

Nun wird die Schmelze direkt auf das eingebettete Modell eingelassen, welches durch den Kontakt mit der Schmelze sofort verdampft. Allerdings ist zu Beginn der Eingießphase darauf zu achten, dass der Gießprozess langsam vonstatten geht, da die kohlenwasserstoffhaltigen Zersetzungsgase explosionsfrei in oder außerhalb der Form verbrennen können.

In der Praxis findet diese Verfahrensweise in fast allen produzierenden Bereichen einen Platz. Es werden zum Beispiel nicht nur Großdieselmotoren hergestellt (Abb. 15), sondern auch kleinere Werkstücke werden mit dem Vollformgießverfahren produziert. Eine weitere Bezeichnung dieses Verfahrens ist die Bezeichnung „Lost-Foam-Verfahren". Dies ist die englische Bezeichnung dieses Verfahrens und trägt den Namen wegen des Modells, welches sich beim Gießprozess auflöst. Einige Modelle können nicht aus einem Stück gefertigt werden, sodass die Möglichkeit besteht ein Modell aus mehreren Segmenten zusammenzusetzen. Wenn es hierbei um kleinere Werkstücke geht, dann werden diese zusätzlich zu sog. „Modelltrauben" (Abb 16) verbunden. Der Vorteil dieser Vorgehensweise ist natürlich der geringere Arbeitsaufwand und die erhöhte Quantität, die bei einem Guss geleistet wird.

Abbildung 15: Großdieselmotor durch Vollformgießverfahren

Quelle: Prof. Eberhardt, HS Pforzheim, Fertigungstechnik, http://www.hs-pforzheim.de/De-de/Technik/Maschinenbau/laborbereiche/fertigungstechnik/lehrveranst_fertigung/FT1_1_WI/Documents/WI2_FT1_VL04.pdf , 27.11.2010

Abbildung 16: Modelltraube

Quelle: konstruktionspraxis.de: http://www.konstruktionspraxis.vogel.de/themen/werkstoffe/formgebung/articles/151588/, 27.11.2010

Das Modell selbst besteht meist aus dem sog. EPS und ist das dafür verwendete Styropor. Um eine optimale Verdampfung des Modells zu erreichen, hat es sich erwiesen, wenn die Rohdichte ca. 20-22 gr./Ltr. Beträgt [10].

Die wichtigsten Vorteile sind [11]:
- fast unbeschränkte Gestaltungs- und Designsfreiheit
- geringere Gussnachbearbeitungen erforderlich
- Automatisierungsmöglichkeit der jeweiligen Arbeitsschritte möglich
- Im Gegensatz zum Druckgießen geringere Investitionskosten
- Kein Arbeitsgang Entkernen notwendig
- Geringe Wandstärken möglich

Aber auch die Einschränkungen sollen hier nicht vorenthalten bleiben:

- Zwei Schwindungsvorgänge bis zum Werkstück
- Mechanische Deformation des Modells möglich
- Aufwendige Prozessführung der Verfahrensschritte
- Ggf. Erhöhter Reinigungsaufwand

2.6 Kokillengießverfahren

Gussteilfertigung mit Dauerformen

Die im Anschluss aufgeführten Gießverfahren gehören zur Gussteilfertigung mit Dauerformen. Der wesentliche Unterschied zu den vorherigen Gießverfahren ist der, dass die angefertigte Form nach dem gießen nicht zur Entnahme des Werkstücks zerstört werden muss, sondern mehrfach benutzt wird. Im Folgenden werden die Hauptgießverfahren Kokillengießen, Druckgießen und Schleudergießen näher erläutert. Bei diesen Prozessen steht nicht die Formherstellung im Vordergrund, sondern ein quantitativ und qualitativ hochwertiges Gusserzeugnis zu erstellen, welches vielseitig in weiteren Verarbeitungsschritten kostengünstig zum Endprodukt oder Halberzeugnis produziert werden kann.

Der Kokillenguss wird noch in zwei verschiedenen Gießverfahren unterschieden. Zum einen gibt es das Schwerkraftkokillengießverfahren und zum anderen das Niederdruckkokillengießverfahren. Beide Verfahren besitzen eine vorgefertigte Form, die Kokille, die durch das gießen befüllt wird. Diese besteht in den meisten Fällen aus Hämanit und ist ein perlitisches lamellares Gusseisen. „Beim Schwerkraftkokillengißverfahren erfolgen die Formfüllung sowie die Erstarrung des Gießmetalls in der Form unter Wirkung der Schwerkraft und Ausnutzung des metallostatischen Druckes".[3]

Abbildung 17: Anwendung einer Dauerform beim Schwerkraft-Kokillengießen

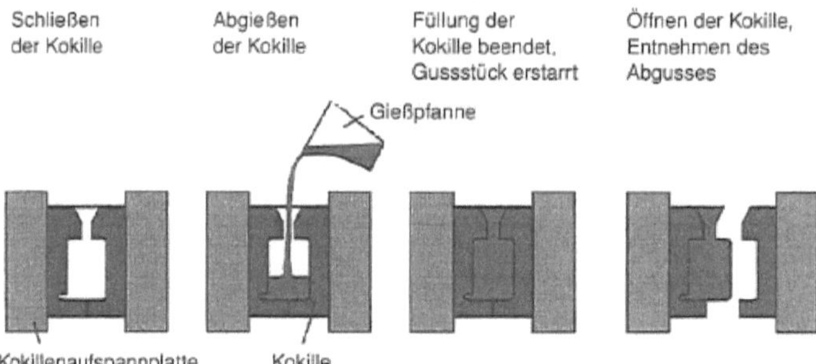

Quelle: Witt / Kessler / Löblich, Taschenbuch der Fertigungstechnik, München Wien 2006, S. 38

Wie in der bildlichen Darstellung (Abb. 17) zu erkennen ist, werden für den Kokillenguss mehrere Komponenten benötigt. Zum einen gibt es Kokillenaufspannplatten, die Kokille, teilweise aus mehreren Teilen und nach dem eigentlichen Guss das Gussstück.

---

[3] Witt / Kessler / Löblich, Taschenbuch der Fertigungstechnik, München Wien 2006, S. 37

Für das Schwerkraft-Kokillenverfahren werden in der Regel folgende Werkstoffe verwendet: Aluminium-, Magnesium-, Blei-, Zinn-, Feinzink-, Kupfer-Legierungen sowie Gusseisenmit Lamellengraphit und Kugelgraphit verarbeitet. Dieses Verfahren dient für Werkstücke, die eine Masse von 30 kg an bis ca. 100 kg besitzen.

Anders jedoch ist die Vorgehensweise beim Niederdruckkokillengießverfahren (Abb. 18). Es besteht genau wie beim Schwerkraft-Kokillengießverfahren eine fertige Kokille (die bestehende Form), die mehrfach für Serienfertigungen genutzt werden kann und auch wird.
„Die Formfüllung beim Niederdruckkokillengießverfahren erfolgt durch eine pneumatische Druckbeaufschlagung der Schmelze, die durch ein Steigrohr entgegen der Schwerkraft in den Formhohlraum gefördert wird."[4]

Abbildung 18: Prinzipdarstellung einer Niederdruck-Kokillengießanlage

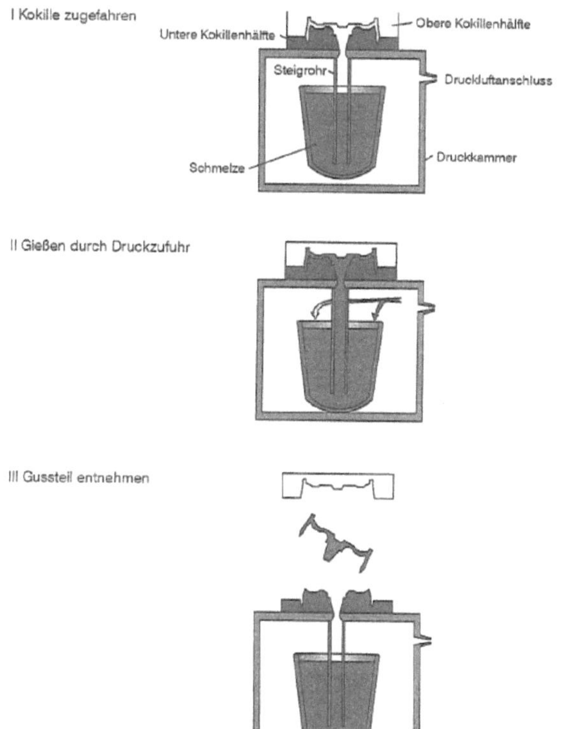

Quelle: Witt / Kessler / Löblich, Taschenbuch der Fertigungstechnik, München Wien 2006, S. 39

Der Behälter mit der Schmelze befindet sich in einem luftdichten Gebilde, bei dem die Kokille im Deckel eingearbeitet ist. Durch die Zufuhr von Druck gelangt die Schmelze durch das Steigrohr, welches mit der Kokille verbunden ist, direkt zur Formgebung. Der benötigte Druck, um die

---

[4] Witt / Kessler / Löblich, Taschenbuch der Fertigungstechnik, München Wien 2006, S. 38

Schmelze in die Kokille zu befördern, liegt zwischen 0,5 und 1,5 bar und ist abhängig von der Förderhöhe.

Für dieses Verfahren werden insbesondere Aluminiumlegierungen und Messing verwendet und der Masseanteil liegt zwischen 1 - 70 kg.

Diese Verfahren werden wegen der dauerhaft einsetzbaren Kokille i.d.R für mittlere bis große Serienfertigungen eingesetzt. Zusätzlich weisen die Gussstücke eine hohe Maßgenauigkeit und Oberflächengüte auf, die durch die schnelle Wärmeabfuhr resultiert. Die Toleranzen liegen zwischen 0,3 und 0,6 %.

Die Anwendungsgebiete sind sehr breit gefächert und strecken sich über die Herstellung von Werkstücken für die Elektrotechnik, Bahn- und Oberleitungstechnik, Maschinen- und Anlagenbau, bis hin zur Herstellung von Werkstücken für die Automobilindustrie. Ein zusätzlicher Vorteil dieses Verfahrens ist die Möglichkeit nicht nur Stahlwerkstoffe zu verarbeiten, sondern die Materialauswahl ist hierbei fast uneingeschränkt. Doch der Spitzenreiter in des zu verarbeiteten Material ist Aluminium. Über 1/3 der Produktion entfällt auf den Kokillenguss und liegt hinter dem Druckguss auf dem zweiten Platz der Gießverfahren [12].

2.7 Druckgießverfahren

Ein weiteres Verfahren mit Dauerformen aus der Gussteilfertigung ist das Druckgießverfahren. Bei diesem Verfahren wird noch mal speziell unter Kaltkammer-Druckgießverfahren und Warmkammer-Druckgießverfahren unterschieden. Für beide Gießverfahren gilt, dass die Schmelze nicht direkt in die Form gegossen wird, sondern erst in eine so genannte Gießkammer kommt. Von dort aus wird die Schmelze mit einem Kolben über den Gießlauf in den Formhohlraum gedrückt. Hierbei werden Drücke aufgebaut von 150 bis 1200 bar.

Dieses Gießverfahren ermöglicht es geringe Wandstärken herzustellen und ist in der Lage Werkstücke mit einer Masse zwischen 0,01 bis 45 kg zu fertigen. Im Übrigen läuft der Herstellungsprozess voll automatisiert ab, mindestens aber halb automatisiert und ist durch die hohen Werkzeugkosten für die große Serienproduktion geeignet.

Sowohl für das Kaltkammer-Druckgießverfahren als auch für das Warmkammer Druckgießverfahren gilt immer der gleiche konstruktive Aufbau der Druckgießmaschine, wie in der dargestellten Abbildung ersichtlich ist.

Abbildung 19: Schematische Darstellung einer Kaltkammer-Druckgießmaschine

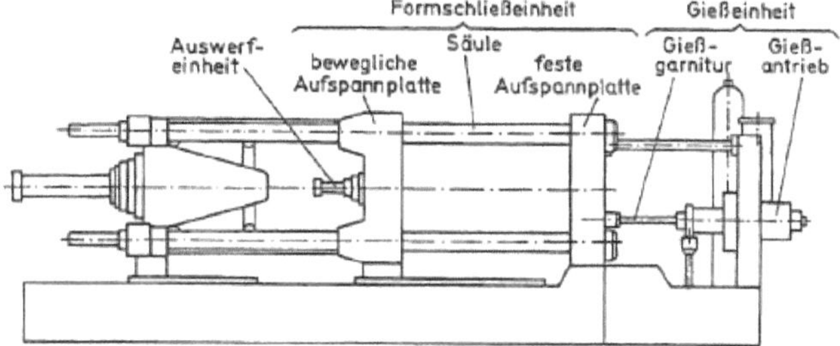

Quelle: Witt / Kessler / Löblich, Taschenbuch der Fertigungstechnik, München Wien 2006, S. 41

Folgende Einheiten sind für beide Verfahren immer gegeben:

- Die Formschließeinheit
  - Ist für das Schließen und Öffnen der Gussform zuständig und wird hydraulisch angetrieben
- Auswerfeinheit
  - Dienst zur Entnahme des fertigen Werkstücks
- Gießeinheit
  - Befördert die Schmelze in die Gussform und hält den benötigten Druck aufrecht

Kaltkammer-Druckgießverfahren

Das Kaltkammer-Druckgießverfahren lässt sich zwischen vertikaler und horizontaler Kaltkammermaschine unterscheiden. Um welche Kaltkammermaschine es sich handelt, verrät die Anordnung des Gießkolbens. Bei der vertikalen Variante fährt der Kolben senkrecht in die vertikal angelegte Gießkammer und bei der horizontalen Variante ist der Gießkolben waagerecht angeordnet und fährt in die horizontal angelegte Gießkammer. Es gilt hierbei aber immer, dass der Warmhalteofen und die Druckgießmaschine räumlich getrennt sind.
Der genaue Ablauf des Kaltkammer-Druckgießverfahrens soll hier an der schematischen Darstellung einer horizontalen Kaltkammer-Druckgießmaschine erläutert werden:

Abbildung 20: Schematische Darstellung des Gießvorgangs einer horizontalen Kaltkammer-Druckgießmaschine

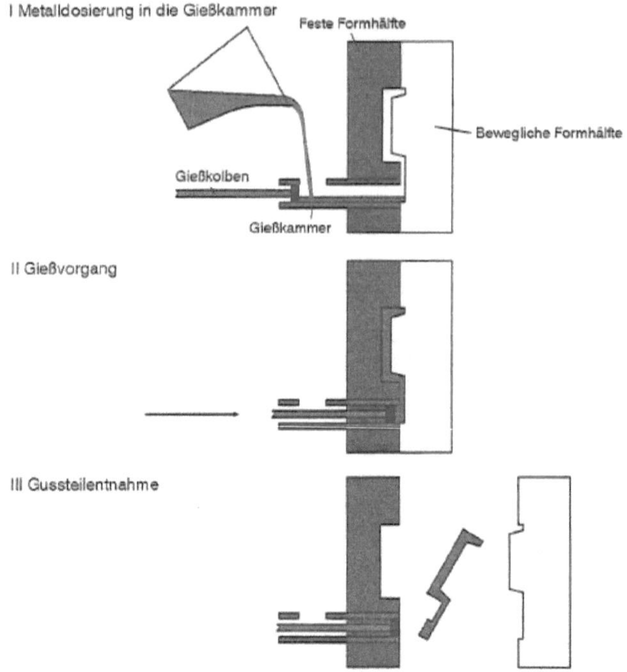

I Metalldosierung in die Gießkammer

Feste Formhälfte

Bewegliche Formhälfte

Gießkolben

Gießkammer

II Gießvorgang

III Gussteilentnahme

Quelle: Witt / Kessler / Löblich, Taschenbuch der Fertigungstechnik, München Wien 2006, S. 42

Im ersten Bild (Abb. 20) ist deutlich zu erkennen, dass die Schmelze für die Fertigung des Werkstücks in die Gießkammer gegossen wird und die Wärmezufuhr unterbrochen ist. In dieser Phase wird die Schmelze vom Gießkolben solange langsam gedrückt, bis die Füllöffnung geschlossen ist. Durch diese langsame Vorgehensweise in der ersten Phase kann die Luft entweichen und vermeidet eine Überschlagswelle in der Gießkammer. In der nächsten Phase wird nun mit hoher Geschwindigkeit die Schmelze in die form gepresst und solange gehalten, bis das Werkstück ausgehärtet ist.

In der dritten Phase wird die bewegliche Formhälfte entfern und das Werkstück kann entnommen werden.

Es ist noch zu erwähnen, dass das Kaltkammer-Gießverfahren hauptsächlich für Aluminiumlegierungen und für wenige Magnesiumlegierungen genutzt werden kann.

Warmkammer-Druckgießverfahren

Anders wie beim Kaltkammer-Druckgießverfahren bildet bei diesem Verfahren die Druckgießmaschine und der Warmhalteofen eine Einheit und sind nicht räumlich getrennt.

Vorzugsweise werden beim Warmkammer-Druckgießverfahren Metalle verarbeitet, die eine niedrige Schmelztemperatur vorweisen, da die thermische und chemische Belastung für den Warmhalteofen und der Druckgießeinrichtung zu hoch wären.

An der folgenden Darstellung (Abb. 21) ist erkennbar, dass das Prinzip aus dem Kaltkammer-Druckgießverfahren sehr ähnelt, nur die Einheit zwischen Warmhalteofen und Druckgießmaschine gut zu erkennen ist.

Abbildung 21: Warmkammerdruckgießverfahren

Feste Formhälfte | Bewegliche Formhälfte

I Gießbereit

Gießkolben — Mundstück

Tiegel mit Schmelze

Gießkammer

II Gießvorgang

III Gussteilentnahme

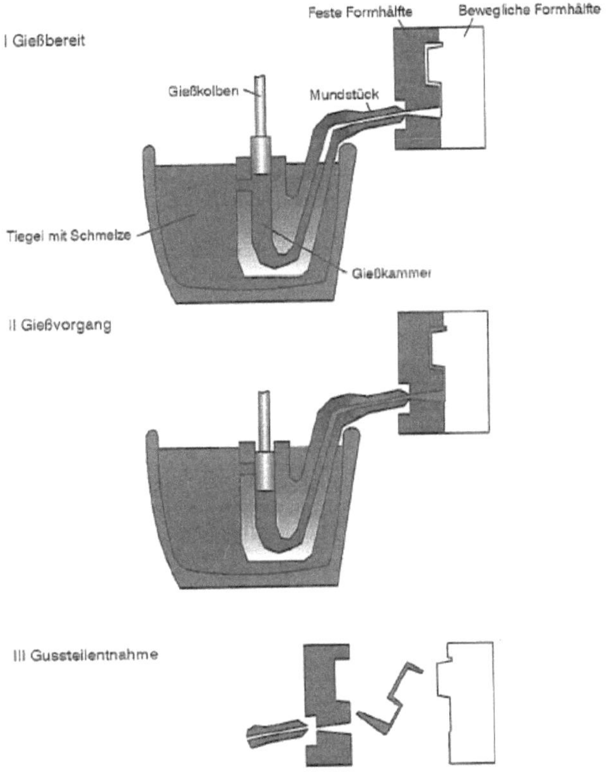

Quelle: Witt / Kessler / Löblich, Taschenbuch der Fertigungstechnik, München Wien 2006, S. 44

Die Schmelze, anders wie beim Kaltkammer-Druckgießverfahren, wird automatisch durch eine seitliche Füllbohrung gefüllt. Des Weiteren läuft das Prinzip der Werkstückfertigung parallel zu der Fertigung des Kaltkammer-Druckgießverfarens ab.

Zuerst drückt der Gießkolben die Schmelze mit geringer Geschwindigkeit an, in der zweiten Phase allerdings drückt der Gießkolben die Schmelze mit hoher Geschwindigkeit in die Gussform. Nachdem Das Werkstück ausgehärtet ist, wird die bewegliche Formhälfte entfernt und das Wekstück kann entnommen werden.

Da beim zurückfahren des Gießkolbens das flüssige Metall aus dem Mundstück wieder zurück in den Warmhalteofen fließt, kann direkt im Anschluss das nächste Werkstück produziert werden und es entsteht eine hohe Quantität.

Zum Nachteil dieser beiden Verfahren ist der, dass bei der kurzen Formfüllzeit es zu Lufteinschlüssen im Werkstück kommt. Dadurch sind diese Werkstücke nicht schweiß- oder wärmebehandelbar.

Aber auch hierfür gibt es ein weiteres Verfahren: das Vakuum-Druckgießverfahren.
Hierbei wird im Formhohlraum und Eingusssystem noch vor der Formfüllung ein Unterdruck aufgebaut, wodurch es keine Lufteinschlüsse im Werkstück möglich ist. Um dies zu realisieren, werden speziell abgedichtete und evakuierbare Formwerkzeuge benötigt.
Dadurch verbessert sich die Qualität des Werkstückes hinsichtlich der Schweißbarkeit und der Möglichkeit der Wärmebehandlung, sowie die Möglichkeit noch dünnere Wanddicken zu realisieren.

Beispielhaft sind in den Abbildungen 22 und 23 Werkstücke aufgeführt, welche aus verschiedenen Materialien erzeugt worden sind.
Zum einen ist das Werkstück aus der Abbildung 22 ein Schließbleich für den Innenbereich von Türen, welches durch das Zinkgussdruckverfahren erstellt worden ist.
Zum anderen zeigt die Abbildung 23 ein Ventilatorgehäuse, welches durch das Aluminiumdruckgussverfahren erzeugt worden ist.
Für beide Produkte gilt eine hohe Mengenabnahme bei Bestellung, da alleine die Herstellkosten der Formen sehr hoch angesiedelt sind und einen immensen Anteil der Gesamtkosten erhält.
Zum Beispiel hat das Schließblech beim Handelskontor einen Stückpreis von 2 € und eine Mindestabnahme von 5000 Stück. Die Werkzeugkosten belaufen sich in diesem Beispiel auf 2700 €.
Wenn also die gesamten Anschaffungskosten sich auf 12700 € belaufen, haben die Werkzeugkosten einen Anteil von ca. 21 % [13].

Abbildung 22: Schließblech aus Zink

Abbildung 23: Ventilatorgehäuse aus Aluminium

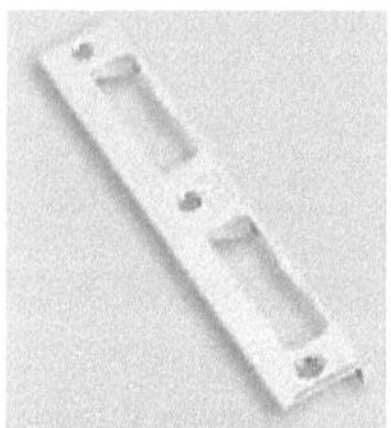

Quelle: Handelskontor, http://www.handelskontorhb.de/HAKO_Web/HAKO_Web/html/de/praezisions_alu.html, 27.11.2010

2.8 Schleudergießverfahren

Das letzte Gießverfahren mit Dauerformen ist das hier genannte Schleudergleßverfahren. In eine um die Mittelachse drehende Kokille wird die Schmelze mit Hilfe einer Gießrinne / Gießhorn in die Form gegossen. Durch die Fliehkraftwirkung verteilt sich der Werkstoff gleichmäßig in der Form

und wird solange rotiert, bis das Werkstück in den festen Zustand gerät. Auch hier kann die Gussform vertikal oder horizontal ausgerichtet werden. Zudem besteht die Möglichkeit die Gussform
zusätzlich mit einer Neigung auszurichten.

Abbildung 24: Schleudergießen mit horizontaler Drehachse

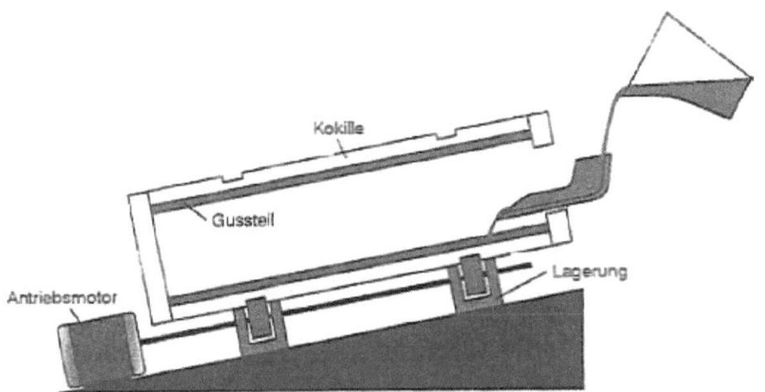

Quelle: Witt / Kessler / Löblich, Taschenbuch der Fertigungstechnik, München Wien 2006, S. 46

In dem hier gezeigten Beispiel (Abb. 24) ist die Schleudergießkokille mit einer horizontaler Drehachse ausgerichtet, die eine leichte Neigung aufweist. „Aus gießtechnischen Gründen arbeitet man
mit Drehzahlen bis zu 4000 Min^{-1}. Die Zentrifugalkraft erzeugt den Gießdruck p, der mach der
Formel von Väth für horizontalen Schleuderguss wird."[5]
Es ist aus dem Gesamtkonzept zu erschließen, dass die Wandstärke der Werkstücke abhängig
von der Schmelzmenge ist und somit genau reguliert werden kann.
Durch die hohe Zentrifugalkraft in der Drehbewegung werden die kleinen Sand- und Schlackenteil-
chen an der inneren Wandseite des Werkstückes abgelagert, sodass das wesentliche Werkstück
eine hohe Festigkeit und Qualität aufweist. „Durch diesen Qualitätsvorteil können dem Schleuderguss auch kleine, rotationssymetrische Serienrohteile, wie z.B. Ringe, Hohlwellen und Räder, er-
schlossen werden, wenn es gelingt, durch Weiterentwicklung der Kokillen und der Eingießsysteme
die Gussrohlinge der Form einzeln zu entnehmen."[6]

Abbildung 25: Hergestellte Werkstücke durch das Schleudergießverfahren

Quelle: Hundt und Weber GmbH, http://www.hundtundweber.de/, 13.11.2010

---

[5] Fritz / Schulze, Fertigungstechnik, 8. Auflage, Berlin Heidelberg 2008, S. 76
[6] Fritz / Schulze, Fertigungstechnik, 8. Auflage, Berlin Heidelberg 2008, S. 76

Zum Abschluss werden hier noch mal zwei Beispiele (Abb. 25) aufgegriffen, die mit dem Schleudergießverfahren produziert werden können. Zum Einen handelt es sich um Gleitlager, die durch das horizontale Gießverfahren gefertigt werden und zum Anderen ist hier ein Käfigrohling für Rollenlager aufgeführt, welches mit dem vertikalen Gießverfahren hergestellt wurde. Auch Rohre bis zu einer Länge von 2000 mm und Werkstücke mit einer Gussteilmasse von 5000 kg sind möglich. Dieses Verfahren dient für mittlere bis große Serienfertigungen und es werden meist Gusseisen, Stahl, Schwer- oder Leichtmetall-Legierungen verwendet.

3. Zusammenfassung

Seit Beginn der Gießverfahren und das Herstellen von Werkstücken aus flüssigen Werkstoffen ist das Verfahren in der Entwicklung. Heutzutage hat sich das Gießen zu einem hoch technisierten Verfahren entwickelt und ist aus der Industrie nicht mehr wegzudenken. Alleine in den Industriezweigen Fahrzeugbau, Maschinenbau und Bauindustrie werden 70% aller Erzeugnisse abgenommen. Selbst in diesem Fertigungsverfahren laufen manche Verfahren vollautomatisiert durch CNC-Steuerung ab. Es ist kein Ende einer weiteren Entwicklung in sicht. Es kommen regelmäßig neue Erkenntnisse über Vorgehensweisen in den Gießtechniken, ob es um die Legierung einzelner Werkstoffe geht und ihre Verhaltensweisen, oder um die Gießprozesse an sich.
Es ist auch zu erwähnen, dass kein anderes Fertigungsverfahren so viele Gestaltungsmöglichkeiten für die Designer und Konstrukteure bietet, wie das Urformen durch Gießen.
Auch bietet das Gießverfahren einen wirtschaftlichen Anreiz. Da das Werkstück ohne weitere Fertigungsverfahren auskommt und meist keine weiteren Bearbeitungsschritte notwendig sind, gehört das Gießen zu den Verfahren, welches wenig Materialverschleiß hat und dadurch eine hohe Wirtschaftlichkeit aufweist.
Abschließend lässt sich festhalten, dass das Gießen ein fester Bestandteil unserer Industrie darstellt und dieses Verfahren in der Produktion von wichtigen Gütern nicht zu ersetzen und es ein wichtiger Wirtschaftszweig unserer Gesellschaft ist.

Literaturverzeichnis

<u>Sinngemäße Information:</u>

1. Bundesverband der deutschen Gießerei-Industrie – Wirtschaftsdaten
   http://www.dgv.de/, 25.11.2010

2. Braun / Doll / Fischer / Heinzler / Höll / Ignatowitz / Kudlich / Meyer / Nist / Röhrer / Schilling
   Fachkunde Metall
   51. Auflage, Berlin 1992, S. 52

3. WVG alu-tec GmbH - Sandguss – Eines der ältesten Gießtechnikverfahren
   http://www.alu-tecwvg.de/gussverfahren/sandguss.html, 02.11.2010

4. Grote / Feldhusen (Hrsg.)
   Taschenbuch für den Maschinenbau
   22. Auflage, 2007, S. 8

5. Westkämper / Warnecke
   Einführung in die Fertigungstechnik
   6. Auflage, Wiesbaden 2004, S. 83 f

6. Braun / Doll / Fischer / Heinzler / Höll / Ignatowitz / Kudlich / Meyer / Nist / Röhrer / Schilling
   Fachkunde Metall
   51. Auflage, Berlin 1992, S. 53

7. Recknagel, Giesserei-Praxis Special
   Kernherstellung und Bindersysteme, Ausgabe 05/2007
   http://giesserei-praxis.schiele-schoen.de/110/10995/gp20705182/Das_
   Maskenformverfahren_Eine_deutsche_Innovation.html, 11.11.2010

8 Buderus Feinguss GmbH
   Feingussverfahren – Verfahrensvorteile
   http://www.buderus-feinguss.de/verfahrensvorteile.html, 26.11.2010

9. MK Technology GmbH
   Produkte – Metall Feinguss
   http://www.mk-technology.com/feinguss.html?&L=0, 26.11.2010

10. Havermann, Konstruktionspraxis.de
    Verlorene Styropor-Modelle für die Gussteilfertigung, 25.08.2008
    , http://www.konstruktionspraxis.vogel.de/themen/werkstoffe/formgebung/articles/151588/,
    27.11.2010

11. Albert Handtmann Metallgusswerk GmbH & Co. KG

Metallguss – Lost Foam
http://www.handtmann.de/fileadmin/Daten/Metallguss/Lost_Foam/Prozesschritte-Lost_Foam_01.pdf, 27.11.2010

12. Höltkemeier, Konstruktionspraxis.de

In Form gebracht, 12.09.2006
http://www.konstruktionspraxis.vogel.de/themen/werkstoffe/metalle/articles/136167/, 27.11.2010

13. Handelskontor von Tungeln & Cie. GmbH & Co. KG

Aluminium und Zink-Druckguss
http://www.handelskontorhb.de/HAKO_Web/HAKO_Web/html/de/praezisions_alu_schliessblech.html, 27.11.2010

Allgemein verwendete Literatur:

1. Witt (Hrsg.) / Kessler / Löblich
   Taschenbuch der Fertigungstechnik
   München Wien 2006

2. Fritz / Schulze
   Fertigungstechnik
   8. Auflage, Berlin Heidelberg 2008

Abbildungsverzeichnis

Abkürzungsverzeichnis

Abb.	Abbildung
Bsp.	Beispiel
Bspw.	Beispielweise
ca.	circa
d. h.	das heißt
etc.	et cetera
evtl.	eventuell
f.	folgend
ggf.	gegebenenfalls
Hrsg.	Herausgeber
mind.	mindestens
sog.	sogenannte
s.	siehe
S.	Seite
u. a.	unter anderem
usw.	und so weiter
vgl.	vergleiche
z. B.	zum Beispiel